Hildegard Grübel

Strohsterne

Urania-Ravensburger

Die Deutsche Bibliothek – CIP – Einheitsaufnahme
Strohsterne/ Hildegard Grübel. –
Berlin : Urania-Ravensburger, 1998
ISBN 3-332-00698-3

Fotos: Wolfgang Joos
Zeichnungen: Michael Naundorf
Satz: E. Weishaupt, Meckenbeuren
Gesamtherstellung: Magdeburger Druckerei
Printed in Germany
01 00 99 98 4 3 2 1
ISBN 3-332-00698-3

Inhalt

5 *Einleitung*

6 *Stroh – seine Bedeutung früher und heute*

7 *Arbeitsplatz und Materialien*

9 *Vorbereiten des Materials*

10 *Verschiedene Grundformen*
10 Grundkreuz A aus 2 Halmen
11 Grundstern B aus 4 Halmen
11 Grundstern C aus 8 Halmen
12 Grundstern D aus 16 Halmen
12 Grundstern E aus 32 Halmen

14 *Sterne aus kurzen, ungebügelten Halmen*

27 *Sterne aus gebügelten Strohhalmen*

33 *Sterne aus Langstroh*

38 *Die Fächer (Strahlenbündel)*

40 *Kombinierte Sterne*

62 *Praktische Tips*
64 Anregungen zur Gestaltung

Ein schöner Blickfang: der Adventskranz mit Sternen.

Einleitung

Der Trend zu aktiver Freizeitgestaltung hält auf den verschiedensten Gebieten unvermindert an. So hat die Zunahme der Freizeit manchen handwerklichen Techniken, die jahrzehntelang bedeutungslos erschienen, zu einer wahren Renaissance verholfen. Auch das Bedürfnis, wieder mehr naturgewachsene Materialien zu verwenden, steigt.
Für alle, die Freude am Naturmaterial Stroh haben, wurde dieses Buch zusammengestellt. Wenn Sie bereits Strohsterne gemacht haben, können Sie sich sofort an einen kombinierten Stern wagen, andernfalls würde ich Ihnen empfehlen, zunächst einige kleine Sterne anzufertigen. Bei etwas Übung beherrscht man die nötigen Handgriffe bald.
Obwohl Strohsterne sich mit wenigen Hilfsmitteln und geringen Kosten herstellen lassen, handelt es sich doch um kleine Kostbarkeiten: Strohsterne können nicht maschinell angefertigt werden.
Bei der Verarbeitung von Stroh sind einige Dinge zu beachten. So eignet sich der Strohhalm nicht für Rundungen, sondern erfordert lineare Anordnungen. Werden die Materialgesetzlichkeiten – Länge, verschiedene Stärken, Sprödigkeit – berücksichtigt, haben Sie beim Herstellen der Sterne schon viel Freude.
Bald werden Sie erfahren, daß der Umgang mit dem Naturmaterial Stroh gar nicht so schwierig ist und ungemein fasziniert.

Stroh – seine Bedeutung früher und heute

Stroh wurde seit Urzeiten zu den verschiedensten Zwecken verarbeitet: Praktische, kultische und schmückende Gegenstände sind daraus angefertigt worden.
Vor allem auf dem Lande fand Stroh eine vielfältige Verwendung, z. B. war es unentbehrlich als Einstreu bei der Tierhaltung. Strohdächer boten Schutz gegen jegliche Witterung. Stroh tat aber auch gute Dienste als Füllstoff für Matratzen. An den langen Winterabenden wurde zudem Stroh verflochten. Hüte, Schuhe, Körbe, Taschen und Bienenkörbe wurden angefertigt.
Corn-Dollies dienten kultischen Zwecken. Aus den letzten Getreidehalmen des Sommers wurden Strohfiguren geflochten. Diese Figuren wurden zu Beginn des Frühlings ins Freie gehängt, und man erhoffte sich dadurch eine gute Ernte.
Die Lebensgewohnheiten, die Methoden der Tierhaltung sowie die Werkstoffe haben sich geändert. So spielt das Material Stroh im praktischen und kultischen Leben nicht mehr die gleiche Rolle wie in früheren Zeiten. Zu Dekorationszwecken jedoch findet Stroh immer mehr Verwendung. Strohintarsien sind bis heute nicht in Vergessenheit geraten. Seit vielen Jahren wird Stroh aber auch zu Weihnachtsschmuck, vor allem zu Sternen verarbeitet. Wer einmal das mattgoldene Schimmern von Strohsternen erlebt hat, wird von diesem Weihnachtsschmuck begeistert sein.

Arbeitsplatz und Materialien

Arbeitsplatz

Zum Herstellen von Strohsternen brauchen Sie als Arbeitsplatz lediglich eine Arbeitsplatte, die unempfindlich gegen Wasser ist. Bei Teppichböden ist es empfehlenswert, den Fußboden im Bereich des Arbeitsplatzes abzudecken (Folie, Zeitungen). Abfälle, die eventuell auf den Boden fallen, lassen sich so mühelos beseitigen.

Materialien

Stroh

Man kann von den Getreidearten Roggen, Weizen und Hafer die Halme verwenden. Die Roggenhalme sind am längsten und haltbarsten, Weizenstroh ist weicher, Haferstroh das kürzeste und weichste, aber seine Halme haben einen schönen Glanz. Wer die Möglichkeit hat, das Stroh von einem Bauern zu bekommen, muß darauf achten, daß es sich um ungedroschenes Stroh handelt. Einfacher ist es jedoch, sich in einem Geschäft Strohhalme zu besorgen. Hier handelt es sich dann um ausgesuchte Halme, meist Roggenstroh, die kaum beschädigt oder geknickt sind. Es gibt Gebinde von 50, 100, 500, ja sogar 1000 Halmen. Im Angebot ist sowohl Kurz- wie auch Langstroh. Das selbstgeerntete Stroh ist ungebleicht. Im Handel wird aber auch gebleichtes Stroh angeboten. Das ungebleichte Stroh läßt sich im Vergleich zu dem gebleichten nur mit großer Mühe verarbeiten. Beim Bleichvorgang werden dem Stroh Stoffe entzogen. Das ungebleichte Stroh ist deshalb fester und vor allem für die Fächer bei kombinierten Sternen nicht geeignet. Auch für die ersten Erfahrungen mit diesem Naturmaterial sind die gebleichten Halme vorzuziehen.

Faden

Zum Zusammenbinden der Strahlenbündel (Fächer) und der Sterne aus ungebügelten Strohhalmen wird ein reißfester Faden benötigt. Am besten eignen sich *Baumwoll-Häkelgarne Nr. 20 oder 30*, hellbeige, oder *Leinenzwirn*, der in Weiß erhältlich ist. Beim Leinenzwirn kann es allerdings zu Beschädigungen des Strohes durch das notwendige feste Abbinden kommen. Für Strohsterne aus gebügelten Halmen kann man *Nähmaschinenfaden* nehmen. Synthetisches Material ist ungeeignet; die Knoten lösen sich leicht auf.

Hilfsmittel

Zum Übertragen der Maße und vor allem zum Anfertigen der Fächer braucht man ein nicht biegsames Lineal (Holz). Zum Zuschneiden von gebügelten Strohstreifen und zum Abschneiden der Fäden ist es günstig, eine kleine Schere (Scherenschnittschere) zu verwenden, während zum Schneiden der Formen (Fächer) eine große Schere von Vorteil ist.
Zum Anzeichnen der Maße nimmt man einen weichen Bleistift. Kugelschreiber verschmutzen das Stroh; harte Bleistifte beschädigen das Stroh unter Umständen.
Eine Schüssel o. ä. ist zum Einweichen der Strohhalme notwendig. Wichtig ist, daß das Gefäß so groß im Durchmesser ist, daß sich die Halme waagerecht einlegen lassen. Für Sterne, die aus gebügeltem Stroh gefertigt werden, braucht man noch ein Bügeleisen.

Vorbereiten des Materials

Sortieren

Ein Strohhalm hat von der Wurzel bis zur Ähre zwischen den Vegetationsknoten unterschiedliche Durchmesser. Deshalb ist es wichtig, die Halme in gleiche Stärken zu sortieren. Verschieden starkes Stroh läßt sich schlecht zusammen verarbeiten, außerdem beeinträchtigen unterschiedlich dicke Halme das Gesamtbild.

Einweichen

Trockene Halme lassen sich nicht verarbeiten. Damit sie nicht brechen, müssen sie etwa 30 Minuten in warmem Wasser liegen. (Dünnere Halme sind früher verwendbar, dickere benötigen eine längere Einweichzeit.) Drückt man einen feuchten Strohhalm vorsichtig zusammen, darf er nicht brechen. Springt er beim Loslassen wieder elastisch in seine ursprüngliche Form zurück, kann er gut verarbeitet werden. Stroh darf nicht zu heiß und auch nicht mehrere Stunden lang eingeweicht werden. Es bekommt sonst eine intensive Gelbfärbung.

Bügeln

Das Stroh wird vor dem Bügeln gut eingeweicht. Die Halme schlitzt man mit einer Nadel an einer Seite der Länge nach auf. Der Strohstreifen wird beidseitig gebügelt, damit er sich nicht rollt. Man kann auch die nichtaufgeschlitzten Halme bügeln; dann ist zu beachten, daß die Halme gleiche Stärken haben. Durch längeres Bügeln werden die Halme gebräunt und brüchig.

Verschiedene Grundformen

Die ab Seite 13 abgebildeten und beschriebenen Sterne bauen auf den hier erläuterten Grundsternen auf, und zwar sowohl die Sterne aus gebügelten als auch aus ungebügelten Halmen.
Wenn Strohsterne mit Kindern gearbeitet werden, ist zu empfehlen, vom Grundkreuz aus 2 Halmen auszugehen.
Der Faden soll bei den Grundformen nicht zu lose, aber auch nicht zu fest geführt werden. Wird zu lose gebunden, verliert der Stern nach dem Verdunsten des Wassers seine Form. Auch die eventuelle weitere Verarbeitung ist erschwert. Bei zu festem Abbinden wird das Stroh zerdrückt.

Grundkreuz A aus 2 Halmen

Zwei Halme zwischen Daumen und Zeigefinger der linken Hand zum Kreuz übereinanderlegen. Dann mit einem Faden die Halme abbinden. Der Faden wird *unter* den *unteren* Halm gelegt, dann *über* den *oberen* usw. Zum Schluß Anfang und Ende des Fadens doppelt verknoten.

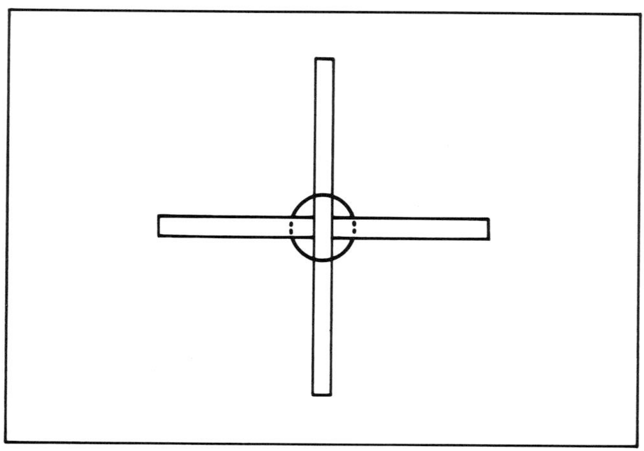

Grundstern B
aus 4 Halmen

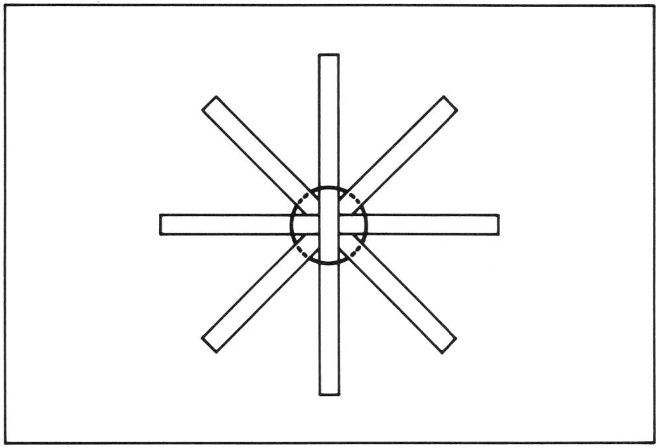

Es gibt zwei Möglichkeiten der Anfertigung:
a) Zunächst werden zwei Grundkreuze wie unter A beschrieben angefertigt und miteinander verbunden. Das obere Kreuz wird dazu in die Zwischenräume des unteren Halmkreuzes gelegt. Dann wird der Faden unter den unteren Halmen und über den oberen Halmen durchgeführt und zum Schluß verknotet.
b) Zwei Strohhalme werden wie beim Grundkreuz übereinandergelegt. In die Zwischenräume werden die anderen zwei Halme gelegt. Dann erst wird der Stern abgebunden, beginnend beim letzten obenaufliegenden Strohhalm. Der Faden wird über diesen Halm geführt, unter dem nächsten durch usw.

Grundstern C
aus 8 Halmen

Für diesen Stern werden zwei Sterne aus je 4 Halmen gefertigt. Diese zwei Sterne werden dann miteinander verbunden. Der Faden wird dazu wechselweise unter die Halme des unteren Sternes und über die Halme des oberen Sternes geführt.

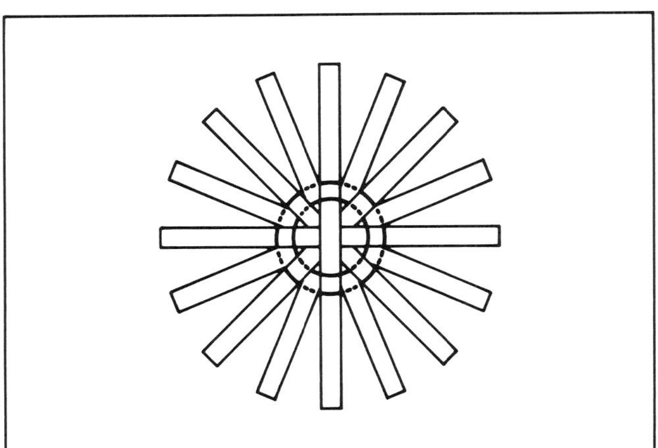

Grundstern D aus 16 Halmen

Auch dieser Stern entsteht in mehreren Stufen. Es werden 4 Sterne aus je 4 Halmen gemacht. Danach werden jeweils zwei Sterne zusammengebunden; aus den 4 Sternen sind nach diesem Arbeitsgang 2 Sterne geworden. Diese zwei Sterne werden zum Schluß aufeinandergelegt und zum 32strahligen Stern gebunden.

Grundstern E aus 32 Halmen

Zur Herstellung dieses Sternes sind auch mehrere Arbeitsgänge notwendig. Zunächst werden 8 Sterne mit je 4 Strohhalmen gemacht. Diese 8 Sterne werden immer zu zweien miteinander verbunden und ergeben dann 4 Sterne. Jeweils zwei Sterne werden wieder zusammengebunden. Danach sind es 2 Sterne geworden. Zum Schluß werden diese 2 Sterne zum 64strahligen Stern verwebt.

Wichtig

Bei allen Grundsternen aus gebügeltem und ungebügeltem Stroh werden die inneren Fäden von den vorhergegangenen kleineren Sternen vorsichtig entfernt. Die Abstände der Strohhalme und die Längenunterschiede können danach korrigiert werden.
Damit die Sterne aus ungebügeltem Stroh für die weitere Verarbeitung (Abbinden von Formen oder für die Verwendung als Zentrumsstern bei kombinierten Sternen) eine flache Form bekommen, wird mit einem neuen Faden eine zweite Außenrunde eingeflochten. Diese Runde ist gegengleich zu arbeiten, d. h., wenn der Faden der Vorrunde über den Strohhalm geführt wurde, wird er nun unter diesem Halm durchgeführt. Bei dieser Runde immer nur 2 Halme überflechten und dann den Faden zum Sternmittelpunkt ziehen. Es entsteht dadurch eine geschlossene Fadenrunde, im folgenden Kreisbindestelle genannt.

Zwei beliebte Modelle: Stern mit langen Spitzen und Stern mit eingebundenen Halmen.

Sterne aus kurzen, ungebügelten Halmen

Stern, ⌀ 19 cm
(Abb. S. 13 oben)
Aus 8 mittleren Halmen wird nach dem Prinzip C ein Stern gemacht. Dann 2 cm ab Kreisbindestelle 2 Halme zusammenbinden. Von dieser Abbindestelle aus nach 6 cm zwei Halme zur Spitze binden. Dünne Halme mit den Maßen 1,0 und 2,0 cm ergeben einen kleinen Geschenkanhänger.

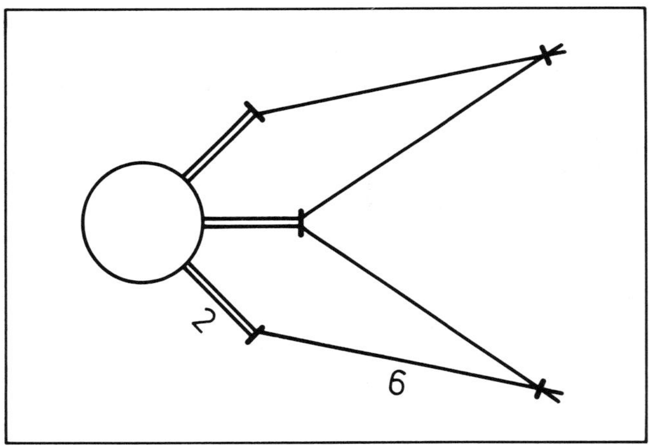

Stern, ⌀ 19 cm
(Abb. S. 13 unten)
Aus 8 dickeren Halmen und 24 Halmresten (ca. 6 cm lang). Grundform C anfertigen. Nach 1 cm von der Kreisbindestelle zwei Halme verbinden, je 2 cm abtragen, zwei Halme zur Spitze binden. 3,5 cm markieren. Dazwischen die Strohreste (3) einfügen; zum Schluß auf die genauen Maße schneiden.

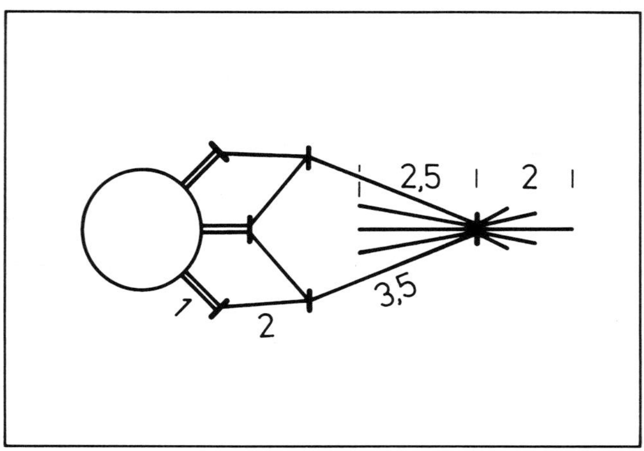

Sterne, ∅ 12 cm

(Abb. S. 15)

Aus 16 mittleren Halmen. Die Sterne auf S. 15 unten und links sind gleich aufgebaut (Grundstern D). Der Unterschied besteht nur darin, daß nach der Kreisbindestelle nach 3,5 cm einmal 2 Halme, beim anderen Stern 4 Halme zur Spitze zusammengefaßt wurden.

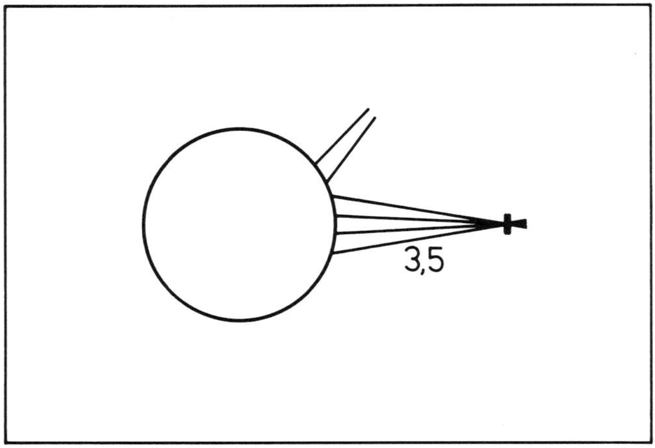

Stern, ∅ 11,5 cm

(Abb. S. 15 rechts)

Aus 8 stärkeren Halmen und 8 ca. 4 cm langen Halmresten Grundstern C anfertigen. Jeweils 2 Halme nach 1,5 cm zusammenbinden. Dann nach 3 cm zwei Halme zur Spitze binden; Halmstück mit einbinden. Erst nach dem Zusammenbinden der Spitzen die Halmabschnitte auf 2,5 cm schneiden.

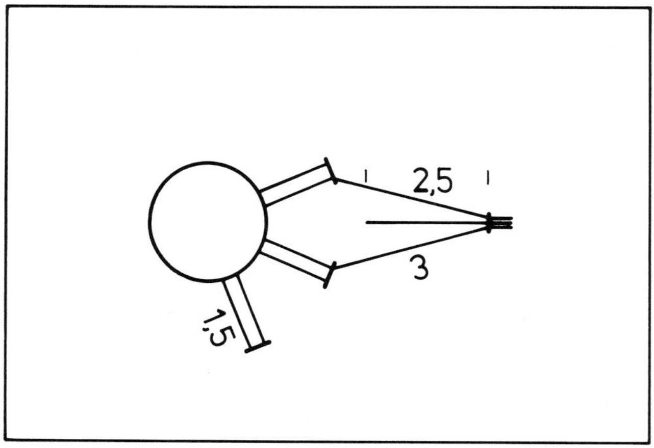

Stern, ∅ 15 cm

(Abb. S. 15 oben)

Aus 16 mittelstarken Halmen Grundstern nach Beschreibung D anfertigen. 4 Halme werden nach 2 cm zusammengebunden. Dann werden nach 2,5 cm immer die äußeren Halme der 4er-Gruppe zur Spitze gebunden. Die aus 4 Halmen bestehende Spitze wird schräg zugeschnitten.

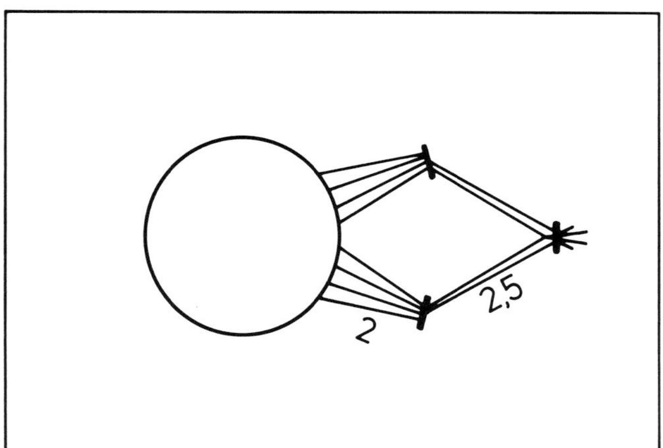

Stern, Ø 17 cm

(Abb. S. 17 oben)

Aus 16 mittleren Halmen einen 32strahligen Grundstern D anfertigen. Nach 1,5 cm ab Kreisbindestelle 4 Halme verbinden. 2 Halme werden nach 2,5 und danach nach 3,5 cm jeweils mit den gegenüberliegenden 2 Halmen zu Spitzen verbunden.

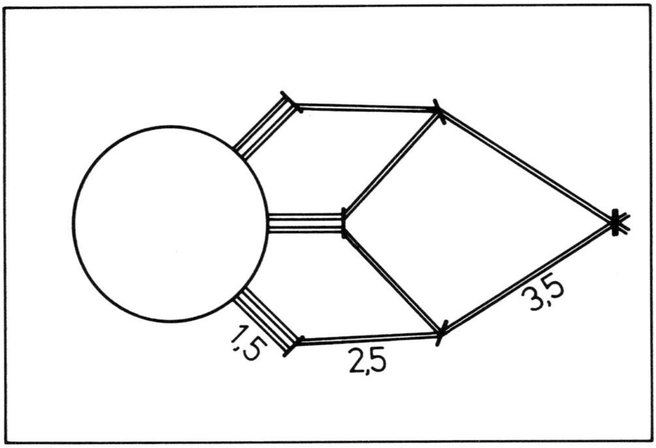

Stern, Ø 19 cm

(Abb. S. 17 unten)

Aus 16 Halmen und 64 gebügelten Halmteilen (0,6 x 3,0 cm). Die 16 Halme werden für einen Grundstern D verwendet. Nach 4 cm von der Kreisbindestelle aus werden jeweils 2 Halme zusammengebunden. Die Spitze wird nach 3,5 cm mit 2 Halmen gebildet.

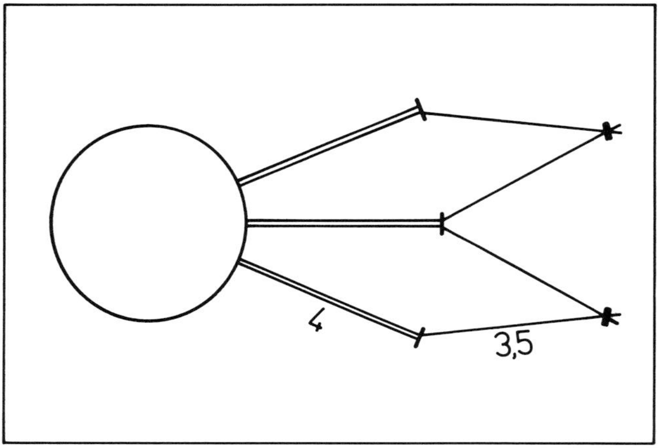

Die kleinen Sternchen macht man aus den gebügelten Teilen. Aus 4 Halmteilen entsteht ein kleines Sternchen. Die Spitzen der kleinen Sterne erst nach dem Zusammenbinden schneiden, und zwar bis kurz vor dem Abbindefaden. In eine Nähnadel einen Faden einfädeln, auf der Rückseite der Sternchen unter dem obenliegenden Strohstreifen die Nadel durchführen, Faden durchziehen. Die Sternchen vorsichtig an der Abbindestelle „4 cm" des Grundsterns anbinden.

Stern, ⌀ 19 cm

(Abb. S. 21 oben links)
Aus 16 mittelstarken Halmen Grundform D anfertigen. Nach 1,5 cm ab Kreisbindestelle 4 Halme abbinden. Zwei Halme werden nach 2,5 cm zur Spitze gebunden. Ab dieser Bindestelle mißt man 3,5 cm und legt die zwei äußeren Halme in gleichen Abständen dazu; Spitze zusammenbinden.

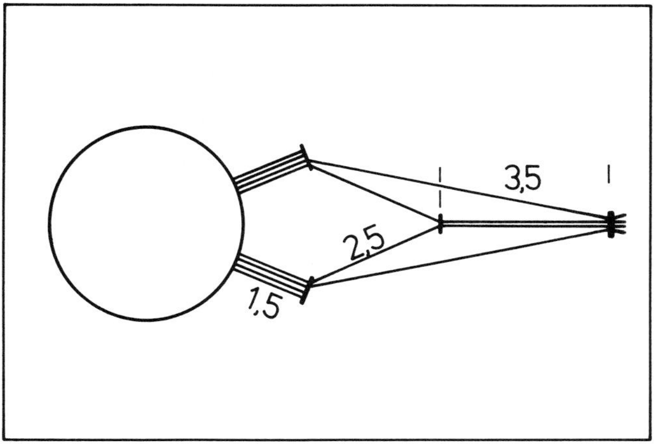

Stern, ⌀ 19 cm

(Abb. S. 21 oben rechts)
Aus 16 mittleren Halmen. Auch dieser Stern wird aus der Grundform D entwickelt. 4 Halme werden nach 2 cm ab Kreisbindestelle zusammengebunden. Die Spitze wird mit den äußeren Halmen der 4er-Gruppe nach 5,5 cm gebildet. Die zwei Halme in der Mitte der 4er-Gruppe werden auf 2 cm gekürzt.

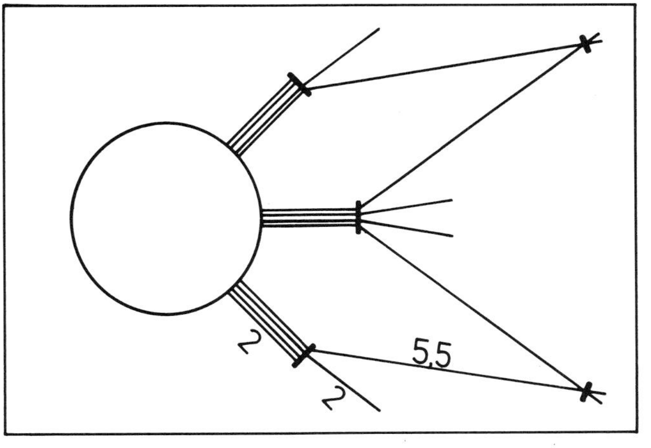

Stern, ⌀ 20 cm

(Abb. S. 21 Mitte links)
Aus 16 mittleren Halmen und 64 Halmstücken à 4,5 cm Länge Grundform D anfertigen. 4 Halmstücke 1,5 cm vom Ende entfernt zusammenbinden; auf 1 cm kürzen. Die Büschel nach 2 cm von der Kreisbindestelle aus zwischen zwei Halme binden. Die lange Spitze nach 5 cm durch zwei Halme bilden.

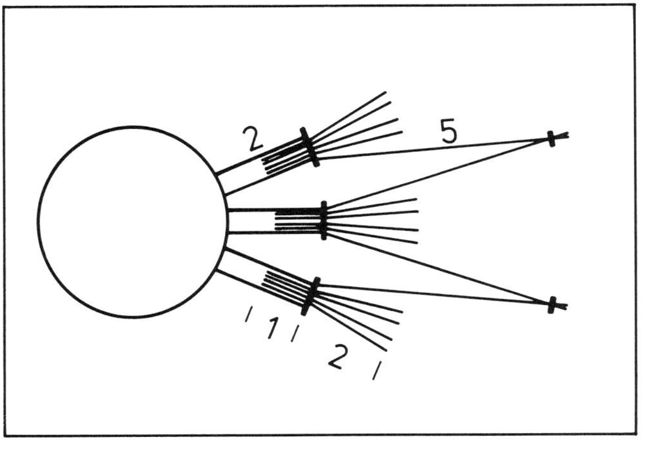

Stern, Ø 20 cm
(Abb. S. 21 Mitte rechts)
Aus 16 dünneren Halmen und 16 Halmstücken à 4,5 cm Länge Grundform D erstellen. Von der Kreisbindestelle nach 1,5 cm immer zwei Halme verbinden. Nach 2 cm zwei Halme zu kurzen Spitzen binden; nach 4,5 cm mit zwei Halmen die lange Spitze machen. In diese ein Strohstück binden; auf 3 cm kürzen.

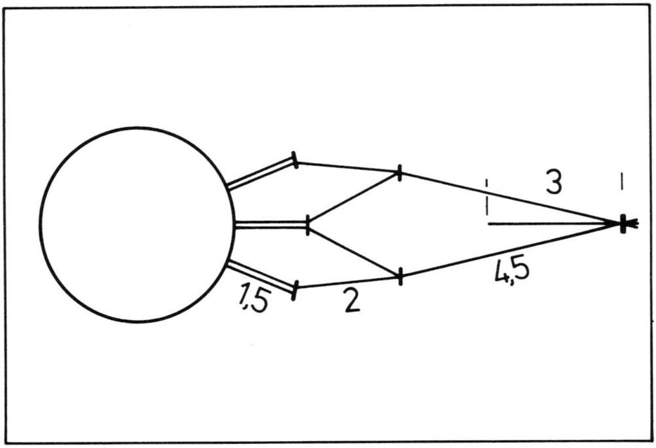

Stern, Ø 18 cm
(Abb. S. 21 unten links)
Aus 16 etwas dickeren Halmen. Grundlage dieses Sternes ist die Form D. Es werden 4 Halme nach 2 cm zusammengebunden. Die äußeren Halme der 4er-Gruppe werden zu kurzen Spitzen nach 3 cm miteinander verbunden. Die mittleren Halme sind 4,5 cm lang.

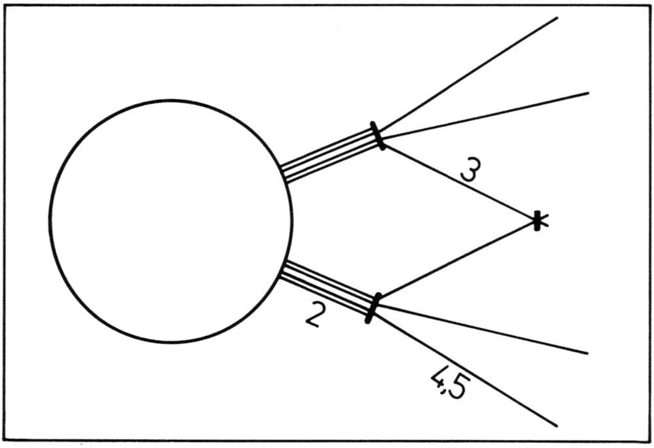

Stern, Ø 19 cm
(Abb. S. 21 unten rechts)
Aus 16 mittleren Halmen und 16 Halmstücken à 4,5 cm Länge Grundstern D anfertigen. 1,5 cm ab Kreisbindestelle 4 Halme zusammenbinden. Die äußeren Halme nach 3 cm zusammenbinden, 2 Halmstücke gleichzeitig einbinden. Die langen Spitzen nach 6 cm mit den mittleren Halmen bilden.

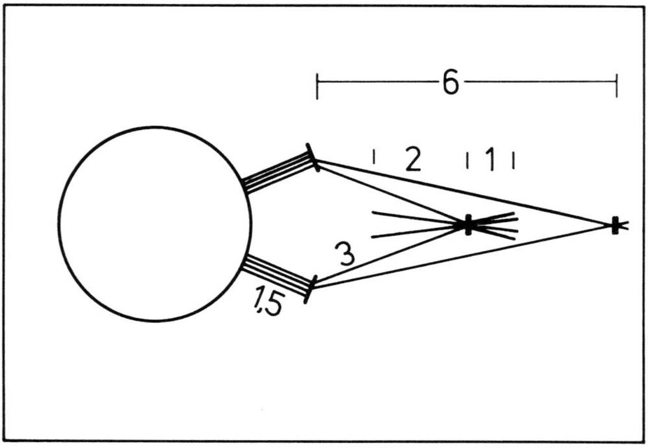

Diese Kombination von sechs Sternen bildet eine reizvolle Wanddekoration.

Stern, ⌀ 21 cm
Aus 16 mittleren Halmen und 32 Halmstücken à 6,5 cm Länge Grundstern D arbeiten. Halme ab Bindestelle bei 4 cm markieren. Zwei Halme zusammenfassen, rechts und links davon einen Halmabschnitt anlegen; abbinden. Dann innere Spitze nach 3 cm, die äußere nach 1 cm Entfernung von der Innenspitze binden (4 Halme).

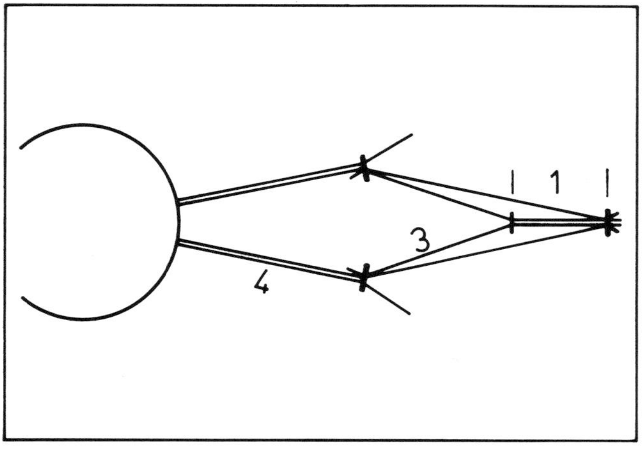

Stern, ∅ 20 cm
Aus 32 dünnen Halmen Grundstern E aufbauen. Nach 2 cm je 4 Halme zusammenbinden. Spitze nach 2 cm mit 2 Halmen binden. Halme an jeder 2. Spitze abschneiden, an den anderen 1 cm hinter der Bindestelle zwei Halme anbinden; es stehen 4 Halme ab, die mittleren abschneiden. Nach 1,5 cm die äußere Spitze binden.

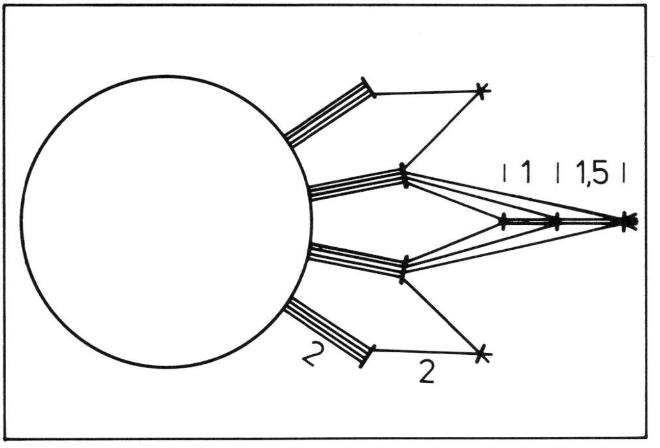

Raute
mit vier Sternen und neun kleinen Sternchen.

Raute

12 Langstrohhalme, ca. 40 cm lang
4 Stücke starker Blumendraht
4 Langstrohhalme werden mit dem Blumendraht verstärkt. Die verstärkten Halme bilden die Außenseiten der Raute. Ein zweiter, unverstärkter Halm wird dazugebunden. Die fertige Seitenlänge der Raute beträgt 33 cm. Bei 16,5 cm werden die mittleren Halme festgebunden.

Kleine Sternchen

36 Strohhalmabschnitte, gebügelt
(3,5 cm lang, 0,6 cm breit)
Aus je 4 Halmabschnitten ein kleines Sternchen binden. An den Bindestellen der Raute diese Sternchen aufbinden (siehe Seite 18).

Oberer Stern

Aus 32 dünneren Halmen einen Grundstern E arbeiten. Die zweite Fadenrunde nicht vergessen! Den Grundstern auf ein Papier legen und dieses in Sterngröße ausschneiden. Den Papierkreis nun zur Hälfte, zum Viertel, zum Achtel und zum Sechzehntel falten. Gegenüber der Spitze ein Stück schräg abschneiden. Das 8strahlige Papiermuster auf den Grundstern legen und die entsprechenden Halme abschneiden.

Mittlere Sterne

Beide Sterne sind aus 32 dünneren Halmen gemacht (Grundstern E). 4 Halme werden nach 1,5 cm zusammengebunden. Beim linken Stern sind die äußeren Halme der 4er-Gruppe auf 0,5 cm gekürzt. Mit den restlichen Halmen werden die Spitzen gebildet, und zwar 2 cm hinter der Bindestelle.
Beim rechten Stern werden die kleinen Spitzen mit den äußeren Halmen der 4er-Gruppe gemacht (nach 1,5 cm). Die mittleren Halme werden auf 2 cm geschnitten.

Unterer Stern

Dieser Stern wird aus 32 mittelstarken Halmen gefertigt (Grundstern E). 4 Halme werden nach 2 cm zusammengefaßt. Die mittleren Halme dieser 4er-Gruppe werden auf 2 cm, die äußeren auf 1 cm zur kleinen Spitze geschnitten.

Noch eine weitere Kombinationsmöglichkeit: die Raute mit vier Sternen.

Sterne aus gebügelten Strohhalmen

Fenster aus Stroh
Höhe 31,5 cm, Abb. S. 28
Gerüst
5 Langstrohhalme (40 cm), 8 kurze Strohhalme (20 – 22 cm), 8 Strohhalmabschnitte 6,5 cm.
Je 4 kurze Halme zu Fächern binden, nach 1,5 und 2,5 cm abbinden. An einem Langstrohhalm nach 14 cm beidseitig die Fächer an der 2. Bindestelle anbringen. Nach 10,5 cm zum kürzeren Teil hin 6,5 cm langen Halmabschnitt anbringen. Daran nach 4,5 cm den 1. kurzen Halm des Fächers anbinden, weitere Abschnitte beidseitig ebenso fertigstellen. Für die quadratischen Felder erst die Quer-, dann die Längshalme anbinden. Kleine Sternchen aus je 4 Halmen (56 à 4,5 x 0,6 cm) herstellen. Mittelstern aus Grundstern C herstellen (8 Teile 5,5 x 0,7 cm).

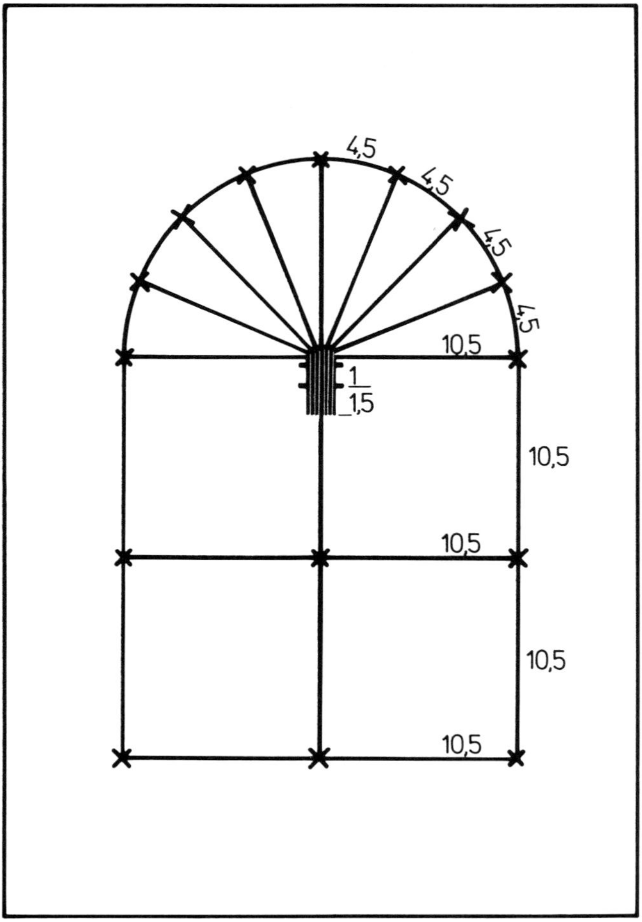

Besonders reizvoll ist dieses Strohfenster.

Sterne auf Islandmooskränzchen.

Stern, Ø 5 cm
(Abb. S. 29 obere Reihe, links)

8 gebügelte Halmabschnitte (5x1,3 cm)
Aus je 4 Halmabschnitten einen Stern anfertigen. Die beiden Sterne mit der linken Seite aufeinanderlegen und miteinander verbinden. Dadurch gibt es keine Vorder- und Rückseite des Sternes. Spitzen einschneiden.

Stern, Ø 5,5 cm
(Abb. S. 29 obere Reihe, Mitte)

16 gebügelte Halmteile (5,5x0,7 cm)
Zwei Sterne aus 8 Halmabschnitten herstellen. Die beiden Sterne verbinden; Spitzen schneiden.

Stern, Ø 10 cm
(Abb. S. 29 obere Reihe, rechts)

4 nicht aufgeschlitzte, gebügelte Halme (10x0,6 cm)
8 aufgeschlitzte Halmabschnitte (7x1,3 cm)
Aus 4 Halmen einen Stern, aus 8 Halmabschnitten 2 Sterne machen. Diese von beiden Seiten gegen den ersten Stern binden, und die Strahlen schneiden.

Großer Stern, Ø 14 cm
(Abb. S. 29)

8 nicht aufgeschlitzte, gebügelte Halme (14x0,6 cm)
16 aufgeschlitzte Halmabschnitte (9x0,7 cm)
Mit den 8 Halmen einen Stern binden. Die 16 Halmabschnitte ergeben 2 Sterne. Diese von oben und unten gegen den ersten Stern binden.

Stern, Ø 10 cm
(Abb. S. 29, rechts vom großen Stern)

8 helle Halmabschnitte, aufgeschlitzt (10x1 cm)
8 gebräunte Abschnitte, aufgeschlitzt (6,5x0,7 cm)
Aus 4 Halmabschnitten je einen Stern binden. Die hellen Sterne gegeneinander binden; von oben und unten einen dunkleren Stern aufbinden. Spitzen schneiden.

Stern, Ø 9 cm
(Abb. S. 29 untere Reihe, links)

4 nicht aufgeschlitzte, gebügelte Halme (6,5x0,6 cm)
8 aufgeschlitzte Halmabschnitte (9x0,8 cm)
Aus den 4 Halmen einen, aus den 8 Halmabschnitten zwei Sterne anfertigen. Auf den Innenstern von 4 Halmen die zwei Sterne von oben und unten aufbinden.

Stern, Ø 8 cm
(Abb. S. 29 untere Reihe, Mitte)

4 nicht aufgeschlitzte, gebügelte Halme (8x0,6 cm)
8 aufgeschlitzte Halmabschnitte (7x1,3 cm)
Herstellung wie Stern „untere Reihe links".

Stern, Ø 8 cm
(Abb. S. 29 untere Reihe, rechts)

16 aufgeschlitzte Halmabschnitte (8x0,5 cm)
4 Sterne machen. Zwei Sterne verbinden und die restlichen zwei Sterne von oben und unten aufbinden.

Gehänge

ca. 40 cm lang
Gerüst: 18 Halme (12 cm lang)
Sternchen: Gebügelte Halmabschnitte, und zwar
oben: 32 Abschnitte (3,5x0,6 cm)
Mitte: 32 Abschnitte (3,5x0,6 cm)
unten: 64 Abschnitte (3,5x0,5 cm)

Gerüst

Die Seitenlänge beträgt 10 cm. Zunächst den äußeren Rahmen binden, dann die Halme für die Innenfelder aufbinden. Die Halme an jeder Bindestelle mit zwei Fäden fixieren; Fadenführung auf der Vorderseite kreuzförmig. Am Außenrand überstehende Halmteile kürzen.

Sternchen

Aus den Halmabschnitten jeweils zunächst 8 kleine Sternchen binden. Immer zwei Sterne miteinander verbinden; dadurch gibt es nur Vorderseiten. Für jedes dieser drei Quadrate die Spitzen der Sternchen anders zuschneiden.

Ein hübsch gestalteter Türkranz erfreut das ganze Jahr über.

Stern mit kleinen Sternchen, Ø 14,5 cm

4 gebügelte, nicht aufgeschlitzte Strohhalme 8x0,7 cm;
8 gebügelte, aufgeschlitzte Strohhalme 8,5x1,3 cm.
Für die kleinen Sterne: 32 gebügelte, aufgeschlitzte Halmabschnitte 4x0,6 cm.
Die 4 Halme ergeben den Innenstern. Mit den 8 gebügelten Halmen zwei Sterne machen. Zunächst einen Stern auf dem Innenstern befestigen, den zweiten von der Rückseite. Aus den Halmabschnitten die kleinen Sternchen herstellen und diese vorsichtig in die gebügelten Halme stecken, evtl. etwas ankleben. Soll der Stern auf Vorder- und Rückseite gleich aussehen, müssen die kleinen Sternchen doppelt gearbeitet werden; man benötigt dann 64 Halmabschnitte.

Sterne aus Langstroh

Stern aus Langstroh,
Ø 37 cm
(Anleitung S. 37 oben)

16 dickere Langstrohhalme, 56 Halmabschnitte à 8 cm. Grundstern D binden. Nach 3,5 cm 4, dann nach 5 cm 2 Halme zusammenbinden. Von dieser Stelle 1,5 cm messen, die anderen zwei Halme anbinden. Mit diesen Halmen nach 6,5 cm Spitze binden (Fächer aus Halmabschnitten einbinden). Außenspitze ist 8 cm.

Stern aus Langstrohhalmen, Ø 41 cm
(Anleitung S. 37 unten)

16 dickere Langstrohhalme, 48 Halmabschnitte à 8 cm Länge.
Grundstern D machen. 2,5 cm hinter der Kreisbindestelle 4 Halme zusammenbinden. Die äußeren Halme nach 5 cm zusammen mit dem Fächer verbinden (Herstellen von Fächern siehe S. 38). Der Fächer wird vor dem Einfügen zwischen die Halme an der langen Seite auf 5 cm gekürzt und auf der kurzen Seite auf 1 cm. Von dieser Fächerbindestelle mißt man an den zwei Halmen 10 cm ab und bindet die äußeren Halme rechts und links davon mit gleichen Abständen an.

Stern aus Langstroh,
∅ 32 cm
(Anleitung S. 37 Mitte)

16 Langstrohhalme, 32 gebügelte Strohhalmteile (aufgeschlitzt), à 0,6 x 4,5 cm.
Grundstern D herstellen. 4 Halme werden nach 3 cm von der Kreisbindestelle aus gemessen zusammengebunden. Die äußeren Halme dieser 4er-Gruppen bilden nach 3,5 cm eine kleine Spitze. Die inneren Halme, an die die Sternchen aufgebunden werden, sind von Bindestelle zu Bindestelle 8 cm lang. Die äußeren Halme in gleichen Abständen – seitliche Länge 6 cm – anbinden. Die 4 Halme an der Spitze sind 3 cm lang. Aus jeweils 4 gebügelten Strohhalmteilchen die kleinen Sternchen machen und am großen Stern befestigen (siehe S. 18).

Stern aus Langstroh,
Ø 40 cm
(Anleitung S. 37 unten; Maße in Klammern)

32 dünnere Langstrohhalme, 64 gebügelte Halmteile (aufgeschlitzt), à 0,6 x 3 cm.
Grundstern E anfertigen. 4 Halme 3 cm hinter der Kreisbindestelle zusammenbinden. Die äußeren Halme dieser 4er-Gruppen bilden nach 2 cm eine kleine Spitze. An den nächsten 2 Halmen 10,5 cm abtragen und die äußeren Halme (seitliche Länge 12 cm) an dieser Markierung zusammenbinden. Die über die Spitze hinausstehenden 4 Halme sind 1,5 cm lang. Mit 4 Halmteilchen kleine Sterne machen und so aufbinden (siehe S. 18), daß die kleine Spitze nicht zugedeckt wird.

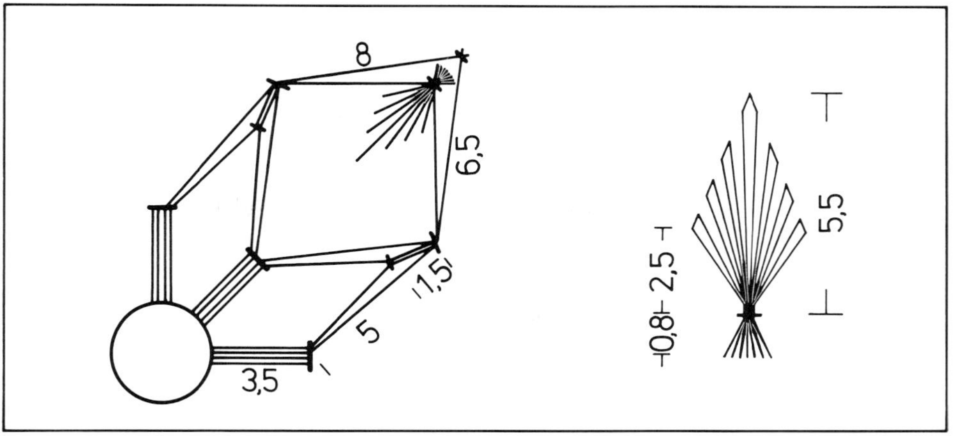
8
6,5
1,5
5
3,5
5,5
0,8
2,5

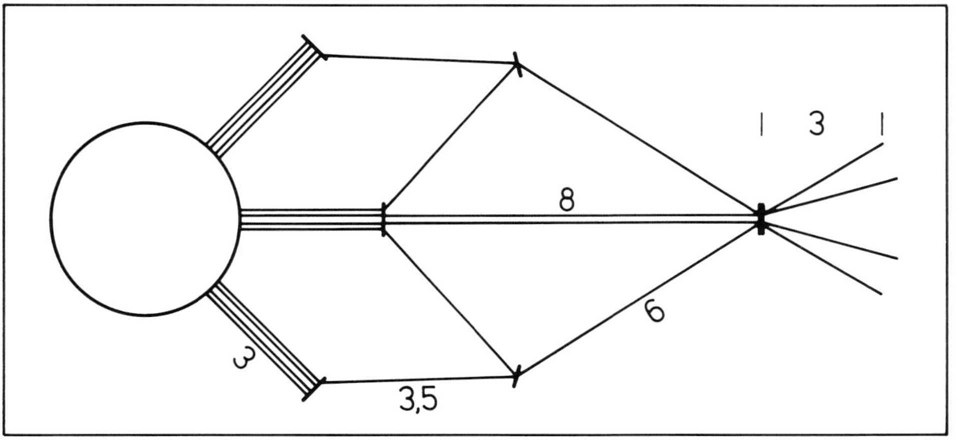
3
8
6
3
3,5

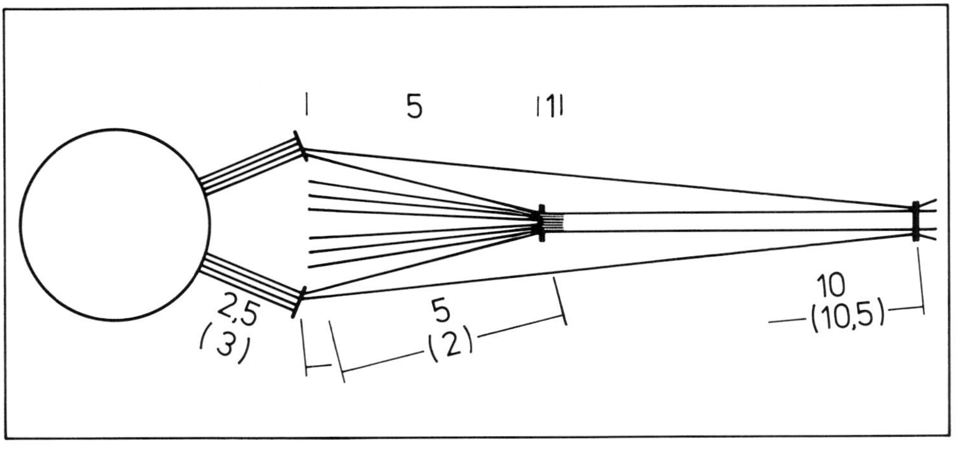
5
1
2,5
(3)
5
(2)
10
(10,5)

Die Fächer (Strahlenbündel)

Durch die Verwendung von Fächern lassen sich die Grundsterne vergrößern. Gleichzeitig können differenziertere Gestaltungen vorgenommen werden. Die Bündel sind mit einer geraden oder einer ungeraden Halmzahl anzufertigen. Werden die Halme zu geschlossenen Spitzen verarbeitet, handelt es sich um eine gerade, bei offenen Spitzen um eine ungerade Zahl. Ganz wichtig ist, daß für die Fächer gut sortierte Halme verarbeitet werden. Selbstverständlich werden auch diese Strohhalme vor dem Zusammenbinden eingeweicht. Nur durch diese Vorbereitungen ist es möglich, daß die Halme nach dem Zusammenbinden dicht nebeneinander und keinesfalls übereinander liegen.

Die erforderliche Anzahl von Strohhalmen nebeneinander legen. Die Abbindestelle am äußersten Halm markieren. Bereitet das Herstellen der Fächer mit der gesamten Anzahl der Halme Schwierigkeiten, teilt man diese in zwei Gruppen und macht zunächst zwei Bündel. Dann verbindet man diese beiden.

Lineal rechts an die Markierung legen. Mit der rechten Hand auf das Lineal drücken, *gleichzeitig* mit der linken Hand (Daumen/Zeigefinger) die Halme zusammenschieben. Halme zum Binden über die Tischkante schieben. Zum Binden Fächer in die linke Hand nehmen.

Fadenanfang hängt am linken Daumen herunter. Faden über den Fächer führen, unter diesem wieder nach vorne, nochmals über die Oberseite und nach unten hängen lassen. Anfangs- und Endfaden jetzt nach vorne und nach oben ziehen. Fäden miteinander verschlingen. Dabei kräftig nach rechts und links ziehen. Dann noch zwei Knoten machen.

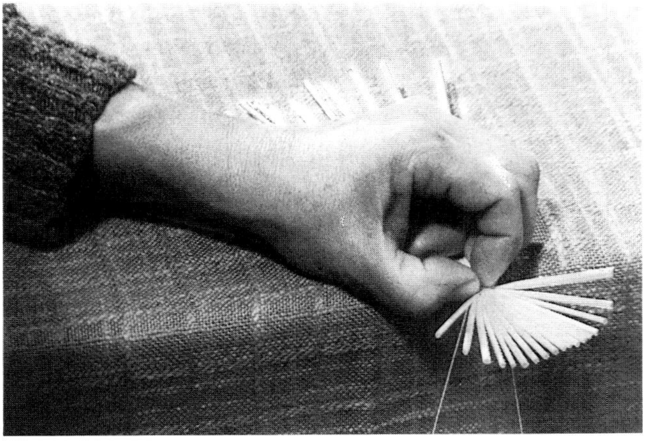

Bei Fächern, die eine offene Spitze haben, die Form schneiden. Die seitlichen Halme, mit denen die geschlossenen Spitzen gebildet werden, schneidet man erst nach dem Zusammenbinden der Halme auf das richtige Maß. Die kurzen Enden mit einem Faden zusammenhalten; vor dem Aufbinden auf den Grundstern in Form schneiden.

Kombinierte Sterne

Kombinierter Stern,
⌀ 52 cm
(Abb. S. 41)

Zentrumsstern: 16 dickere Halme
Fächer: 8 x 17 mittlere Halme
Aus den 16 Halmen einen Grundstern D anfertigen. Von der Kreisbindestelle aus an 3 Halmen 2 cm markieren, beim 4. Halm 6 cm. Die 3 Halme an der 2-cm-Marke abschneiden, den 4. Halm nicht!
Die 8 Fächer nach den Anleitungen auf den vorangegangenen Seiten machen. Die erste Bindestelle ist vom Ende der Strohhalme 4 cm entfernt. Der mittlere Halm ist nachher auf 3,5 cm, die seitlichen Halme auf 2 cm zu kürzen. Die Zugabe von 0,5 cm ist deshalb zu empfehlen, falls die Strohhalme verrutschen. Die zweite Bindestelle ist von der ersten 1 cm entfernt

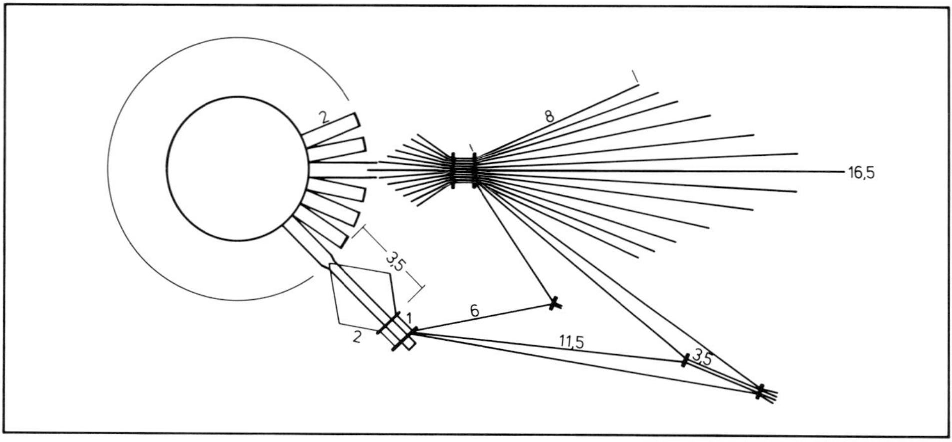

△ Besonders filigran wirkt dieser Stern

(in Richtung lange Halme). Die Formen entsprechend der Skizze schneiden. Die äußeren 3 Halme nicht abschneiden, erst nach dem Zusammenbinden der Spitzen.
Nun die Fächer auf den Zentrumsstern aufbinden. Dabei kommt die erste Bindestelle auf die 6-cm-Markierung. Den Fächer auch an der zweiten Bindestelle nochmals mit dem Halm vom Mittelstern verbinden. Anschließend die äußeren Strohhalme jeweils mit dem Nachbarbüschel zusammenbinden (geschlossene Spitzen). Zu empfehlen ist, den Mittelstern mit einem umgestülpten Gefäß zu beschweren, damit die Halme eine flache Anordnung bekommen.

Kombinierter Stern,
∅ 46 cm
Zentrumsstern: 8 dickere Halme. Fächer: 8x17 dickere Halme. Grundstern C aufbauen. Die Halme im Wechsel bei 4 cm (Aufbindestelle der Fächer) und 7 cm (innere Sternzacke) markieren. Den Fächer 2,5 cm vom Rand binden. Bei der nächsten Bindestelle beidseitig je zwei Halme nicht mitbinden.

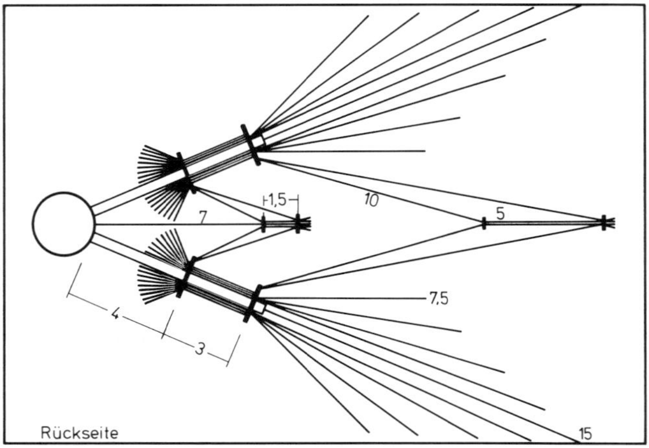

Kombinierter Stern,
⌀ 55 cm
Zentrumsstern: 16 Halme, siehe S. 19 oben
Fächer: 8 x 10 Halme
Fächer an der Bindestelle der Spitze des Innensterns aufbinden. 2. und 3. innere Spitzen zusammenbinden, mittlere Halme herausschneiden; zur nächsten Spitze laufen nur 2 Halme weiter. Fertigstellen nach Skizze.

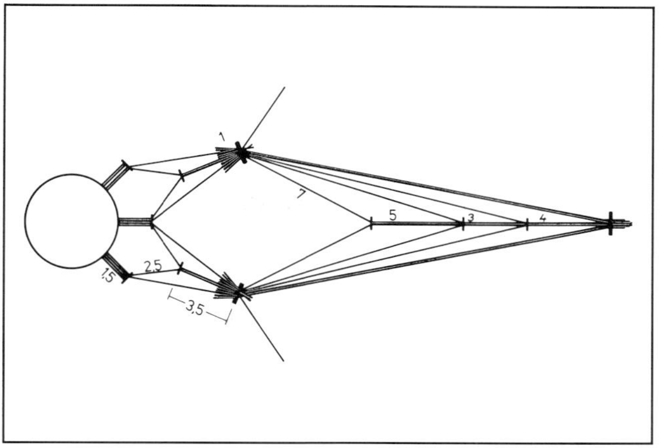

Kombinierter Stern,
⌀ 59 cm
(Abb. S. 45)

1. Innenstern: 16 mittlere Halme
2. Innenstern: 8 x 21 mittlere Halme (kleine Fächer)
Fächer: 8 x 8 mittlere Halme (äußere Zacken)

Am 1. Innenstern (Grundstern D) jeden 2. Halm auf 0,5 cm abschneiden. Erste Bindestelle der kleinen Fächer 1,5 cm vor dem Ende der Halme (auf 1 cm kürzen). 2. Bindestelle 1 cm danach. Die Spitze dieses Fächers beträgt 7 cm, die seitliche Halmlänge (3. und 19. Halm) 5 cm. Die Halme 1, 2, 20, 21 bleiben vorerst lang. Die 8 Fächer auf jedem zweiten langen Halm des Grundsterns D nach 2,5 und 3,5 cm befestigen. Restliche Halme des Innensterns bei 6 cm markieren, die äußersten 3 cm langen Halme des Fächers daran anbinden. An den 3 Halmen nach 1 cm die beiden anderen Halme in gleichem Abstand beidseitig anbinden. An den abstehenden Halmen die Außenfächer anbinden.

Die Fächer aus den 8 Halmen nach 1,5 cm binden (kürzen auf 1 cm), an den geschlossenen Sternzacken des Innensterns so befestigen, daß die zweite Spitze nicht verdeckt wird.

Fertigstellung der geschlossenen Spitzen: Die kleinste innere Spitze nach 8 cm binden. An den zwei zusammengebundenen Halmen nach 3 cm die nächsten Halme seitlich anbinden, auf 4 cm abschneiden, restliche 4 Halme zur Spitze zusammenfassen (Seitenlänge 19,5 cm).

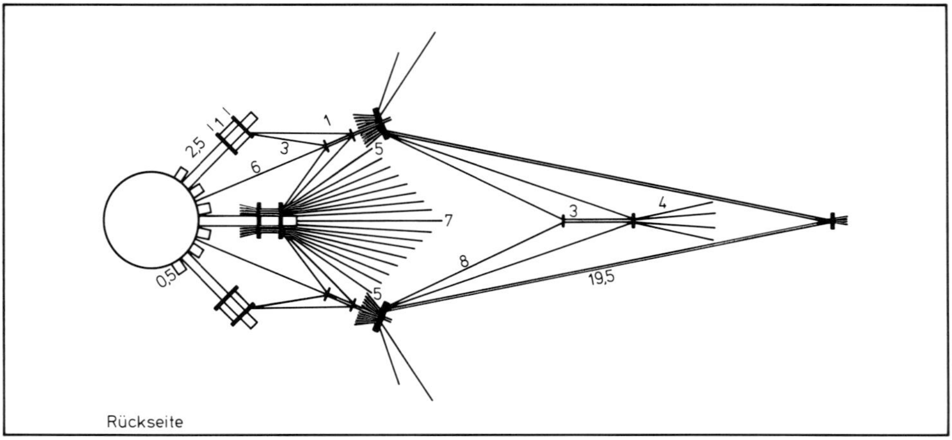

Dieser kombinierte Stern erfordert schon ein bißchen Übung.

Kombinierter Stern,
⌀ 56 cm
(Abb. S. 47)

Innenstern: 16 mittlere/dickere Halme
Fächer: 8 x 17 mittlere Halme
Kleine Sterne: 32 gebügelte, aufgeschlitzte Strohstreifen 0,6 x 4 cm.
Für den Innenstern den Grundstern D anfertigen.
4 Halme werden 1,5 cm hinter der Kreisbindestelle zusammengebunden.
Die äußeren Halme der 4er-Gruppe werden nach 6 cm zur langen Spitze gebunden.
Die mittleren Halme der 4er-Gruppe kürzt man auf 2 cm. An diesen Abschnitten werden die kleinen Sternchen befestigt.
Die Fächer bindet man 1,5 cm vom Rand (kürzen auf 1 cm). Sie werden zu einer kleinen offenen Spitze gleichmäßig zugeschnitten (7 Halme in der Mitte). Der mittlere Halm der 7er-Gruppe ist 7 cm, die seitlichen Halme sind 3,5 cm lang.
Die Fächer auf den Innenstern so aufbinden, daß die Bindestelle des Fächers und die Bindestelle an der Spitze aufeinanderliegen.
Die geschlossenen Sternspitzen laut Skizze abbinden.
Die kleinen Sterne – aus 4 Abschnitten wird ein Sternchen gemacht – werden auf die abgeschnittenen Teile des Innensterns aufgebunden.
Von der Abbindestelle der 4 Strohhalme aus 1,5 cm messen und die Sternchen befestigen (siehe S. 18).

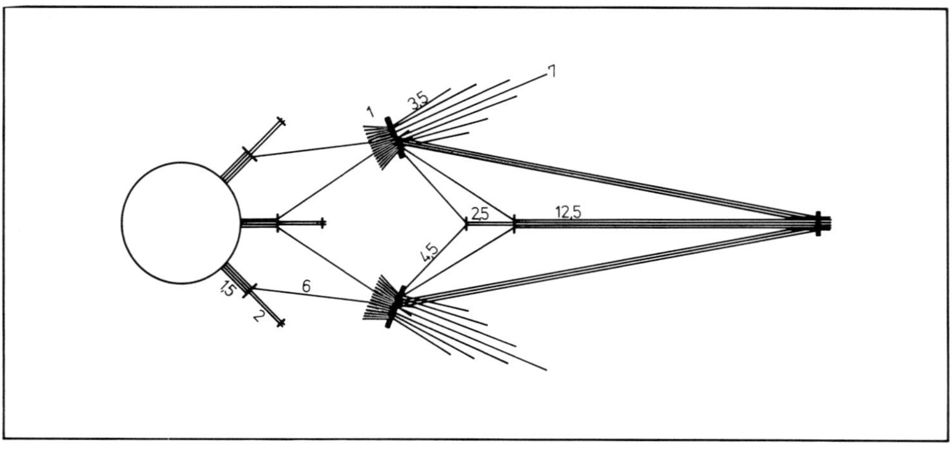

Kombinierter Stern,
⌀ 37 cm

Innenstern: 16 dickere Halme
Fächer: 16 x 15 mittlere Halme
Am Grundstern D wird jeder 2. Halm auf 6 cm gekürzt. An den anderen Halmen eine 7-cm-Markierung anbringen (nicht abschneiden!) Die erste Bindestelle bei den Fächern ist bei 1,5 cm; kürzen auf 1 cm. Die zweite Bindestelle ist 1 cm weiter entfernt. Der längste Halm des Fächers ist (von der 2. Bindestelle aus gemessen) 8 cm, der kürzeste Halm seitlich (2. und 14. Halm) 4 cm lang. Fächer an den beiden Bindestellen auf den Grundstern aufbinden. Die kleinen Spitzen, die die Fächer verbinden, sind 3 cm lang. Zum Schluß Fächer zusammenschieben, beschweren.

Zu dem matt-goldenen Schimmer der Strohsterne sehen rote Glaskugeln sehr hübsch aus.

Kombinierter Stern,
⌀ 45 cm
(Abb. S. 49)

Innenstern: 16 mittelstarke Halme
Fächer: 4x19 mittelstarke Halme
Am Grundstern D 2,5 cm messen und 7 Halme zu einem Bündel zusammenfassen. Die Halme müssen nach dem Abbinden nebeneinander, nicht übereinander liegen! An den nächsten Halm wird das Strahlenbündel bei 4,5 cm und bei 5,5 cm angebunden. Die 7 Halme werden fächerförmig zugeschnitten; der längste Halm in der Mitte ist 4 cm, die beiden äußeren Halme sind 2 cm lang.
Für die erste Bindestelle bei den Fächern mißt man 4 cm ab (nach Fertigstellung der Fächer auf 3,5 cm schneiden). Nach 1 cm wird ein zweites Mal abgebunden, und zwar in Richtung langes Strohteil. Bei der offenen Spitze hat der 4. und 16. Halm das Maß 5 cm, der mittlere Halm (10. Halm) mißt 16 cm.
Die geschlossenen Spitzen messen 10 cm. Die nächstfolgende Spitze ist von der inneren 2 cm entfernt. An dieser Bindestelle sind es nun 4 Halme. Die mittleren Halme werden abgeschnitten, an den zwei Halmen 3,5 cm abtragen und die Spitze durch gleichmäßiges Anlegen der äußeren Halme bilden.
In die äußersten Halme (3,5 cm) des Fächers am Innenteil wird ein kurzes Stück eines dünneren Strohhalmes gesteckt und zwei Halme hinter dem kleinen Fächer miteinander verbunden; evtl. kleben. Dadurch bildet sich eine Viereckform des Innenteiles.

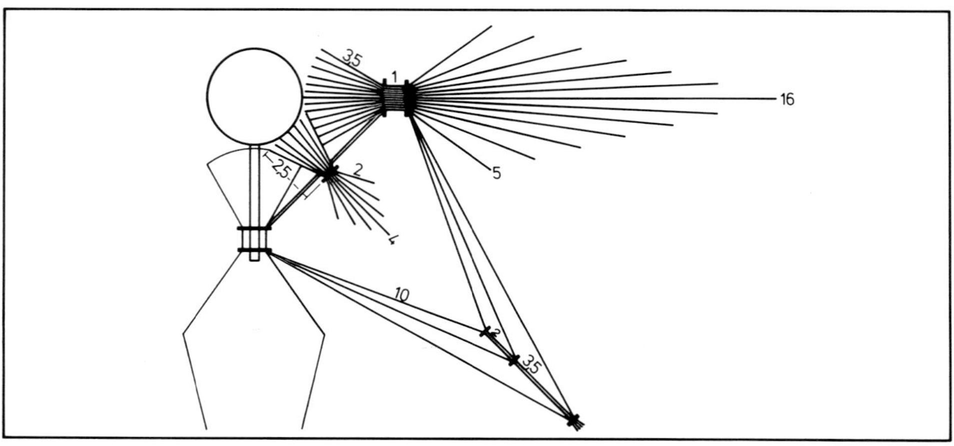

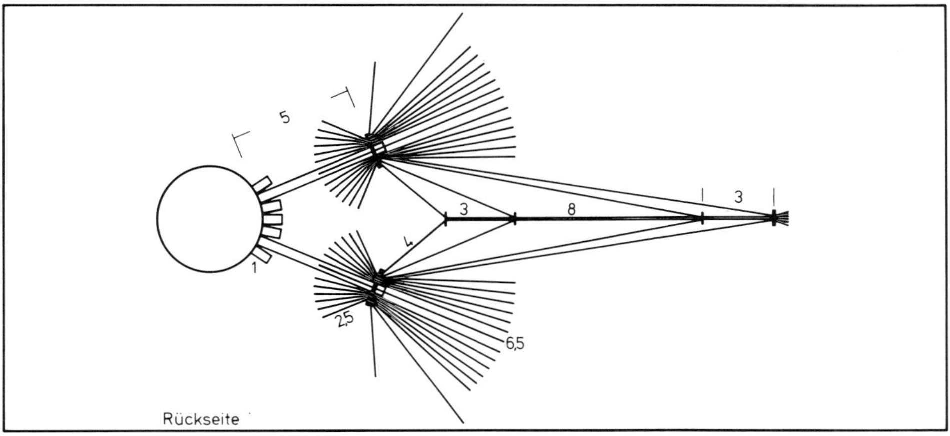

Kombinierter Stern,
⌀ 49 cm
(Abb. S. 52)

Innenstern: 16 dickere Halme
Fächer: 8 x 21 mittlere Halme
Mit den 16 Halmen den Grundstern D anfertigen. An diesem Innenstern werden 3 Halme auf 1 cm ab Bindestelle abgeschnitten, der 4. Halm bleibt lang. An diesem werden nachher die Fächer befestigt. Die Bindestelle der Fächer liegt 3 cm vom Halmende entfernt. Dieses Stück zwischen Halmende und Bindestelle wird vor dem Aufbinden der Fächer auf den Grundstern auf 2,5 cm geschnitten. Die äußeren 4 Halme beim Fächer bleiben rechts und links stehen. Die mittleren Halme werden auf 6,5 cm gekürzt. Die Fächer werden auf den langen Halm des Innensternes bei 5 cm (ab Bindestelle in der Mitte) aufgebunden. Mit den äußeren Halmen werden nun die Spitzen gebildet. Die innere Spitze mißt 4 cm. An den zwei zusammengebundenen Halmen werden nun 3 cm abgetragen, die beiden Halme rechts und links davon angebunden. Die mittleren Halme schneidet man heraus und mißt an den zwei Halmen 8 cm für die nächste Spitze. Die mittleren Halme auch hier wieder abschneiden. Nach 3 cm werden die letzten Halme für die äußerste Spitze angebunden.

Hier besticht die Kombination von langen Spitzen und dichten Fächern.

Ein Stern mit einem sehr lichten Innenteil und betonten Spitzen.

Kombinierter Stern,
⌀ 75 cm
(Abb. S. 53)

Innenstern: 32 mittelstarke Langstrohhalme
Fächer: 16 x 16 mittelstarke Halme
Halmabschnitte: 32 Stück à 7 cm lang
Grundstern E aus Langstrohhalmen anfertigen. Je 4 Halme 3 cm nach der Bindestelle zusammenbinden. Zwischen die äußeren Halme der 4er-Gruppe zwei Halmabschnitte 3 cm nach der Bindestelle einbinden, innen auf 3 cm, die 4 Halme auf der anderen Seite auf 2,5 cm schneiden. Die Bindestelle der Fächer ist 2,5 cm vom Rand entfernt (Fertigmaß: 2 cm). Die Abbindestelle der langen Spitze und die Bindestelle der Fächer werden zusammengebunden.
Für die innere Spitze an den äußeren Halmen des Fächers 5 cm messen und zwei Halme verbinden. Von dieser Spitze nach 1,5 cm die beiden nächsten Halme anbinden. Die Halme an der 2. Spitze abschneiden. Die 3. Spitze ist 10,5 cm lang. Für die 4. Spitze an den zwei Halmen der 3. Spitze nach 1,5 cm seitlich zwei Halme anbinden. Die mittleren Halme der entstandenen 4er-Gruppe herausschneiden (auch bei den nun folgenden Spitzen). Die 5. und 6. Spitze werden jeweils im Abstand von 1,5 cm zur vorhergegangenen Spitze gebildet. Die äußerste Spitze wird mit 4 Halmen (rechts und links zwei Halme) und den mittleren zwei Halmen im Abstand von 3,5 cm zur anderen Spitze gebunden. Die große Spitze ist 12 cm lang.

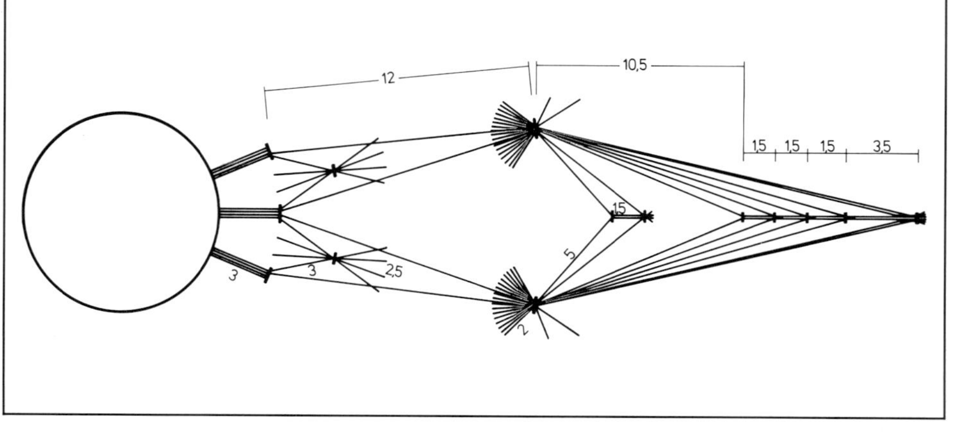

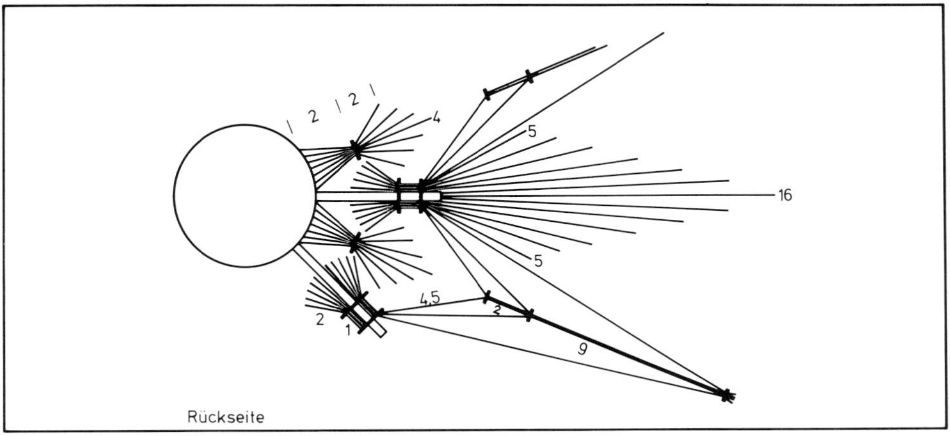

Kombinierter Stern,
Ø 47 cm
(Abb. S. 56)

Innenstern: 32 mittlere/dünnere Halme
Fächer: 8x21 mittlere/dünnere Halme
Der Ausschnitt auf Seite 56 stammt von einem Stern mit 8 geschlossenen und 8 offenen Spitzen.
Mit den 32 Halmen die Grundform E anfertigen.
7 Halme werden 2 cm nach dem Abbinden der Kreisbindestelle zu einem Bündel zusammengefaßt. Es ist wichtig, daß die Halme nebeneinander und nicht übereinander liegen. Am nächsten Halm werden die Fächer aufgebunden (bei 3,5 und 4,5 cm). Die 7 Halme des Bündels werden fächerförmig zugeschnitten; der längste Halm in der Mitte ist 4 cm, die beiden äußeren Halme haben eine Länge von 2 cm. Die erste Bindestelle für die Fächer liegt bei 2,5 cm (Fertigmaß: 2 cm). Die zweite Bindestelle ist von der ersten 1 cm entfernt zum langen Strohteil hin. Nun werden die Halme der offenen Spitze geschnitten. Der Mittelhalm ist 16 cm lang, die beiden äußeren Halme (4. und 18. Halm) 5 cm.
Die Halme der geschlossenen Spitzen haben folgende Maße: Innere Spitze 4,5 cm. Für die zweite Spitze werden an den zwei Halmen 2 cm abgetragen und die beiden Halme seitlich angebunden. Von den zusammengebundenen 4 Halmen werden die mittleren abgeschnitten. An den verbleibenden zwei Halmen 9 cm messen, die beiden übrigen Halme mit zur langen Spitze binden.

Hier sind offene und geschlossene Spitzen abwechselnd angeordnet worden.

Ein schön beleuchteter Strohstern schafft überall eine wohnliche Atmosphäre.

Kombinierter Stern,
⌀ 62 cm
(Abb. S. 57)

Zentrumsstern: 16 mittlere Halme
Fächer: 16 x 21 mittlere/dünnere Halme
Halmabschnitte: 64 Stück à 10 cm Länge
Aus den 16 Halmen einen Grundstern D binden. Jeder Halm wird 6,5 cm hinter der Kreisbindestelle markiert. Rechts und links davon werden zwei Halmabschnitte befestigt.
Von der Bindestelle zur Mitte des Sternes hin sollen die Abschnitte 2 cm lang sein; diese werden am Schluß gleichmäßig auf 1,5 cm geschnitten. Mit dem längeren Teil der Halmabschnitte werden nun kleine Spitzen gebildet. Von der Bindestelle, an der die Halmabschnitte befestigt sind, werden 2,5 cm abgemessen und immer mit dem jeweils gegenüberliegenden Halmabschnitt vom anderen Gebinde verbunden. An jeder zweiten Spitze werden die Halme abgeschnitten.
Die erste Bindestelle bei den Fächern liegt bei 4 cm; die Halme werden vor dem Aufbinden auf den Grundstern auf 3,5 cm gekürzt. Die zweite Bindestelle ist im Abstand von 1 cm zum langen Teil hin. Form der offenen Spitze schneiden; seitlich bleiben je 2 Halme lang für die geschlossene Spitze.
Die Fächer auf dem Innenstern so aufbinden, daß die kleinen Spitzen nicht zugedeckt werden. Fächer an beiden Bindestellen befestigen. Die geschlossenen Spitzen laut Skizze abbinden.

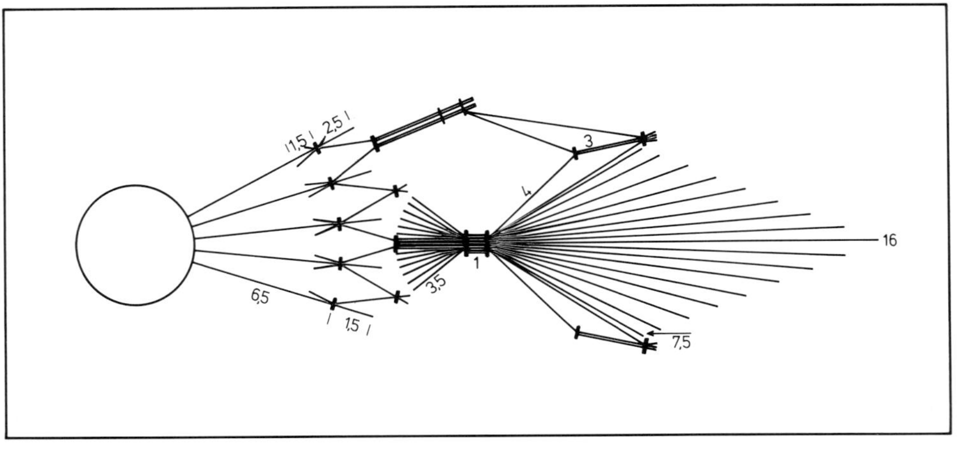

Großer kombinierter Stern, ⌀ 90 cm
(Abb. S. 60/61)

Innenstern: 16 Halme, mittelstark
64 Halme, mittelstark
96 Halmabschnitte, à 10 cm Länge
Fächer: 32 x 8 mittelstarke Halme

Aus den 16 Halmen den Grundstern D herstellen. An jedem Halm dieses Sternes 6 cm hinter der Kreisbindestelle eine Markierung anbringen. Rechts und links davon wird je ein Strohhalm angebunden. Diese angefügten Halme sollen zum Grundstern hin auf 1 cm Länge geschnitten werden. Die Halme des Grundsterns zwischen diesen zwei angebundenen Strohhalmen sind 2 cm lang. 6 cm hinter dieser Bindestelle werden 2 Halme zur langen Spitze gebunden. Nach 3 cm wird eine kurze Spitze gebildet. Nun 4,5 cm abmessen und in die neue Spitze 3 Halmabschnitte mit einbinden. Die Halmabschnitte wie folgt kürzen: Im inneren Kreis ist der mittlere Halm der 3er-Gruppe 5 cm lang, der rechte und linke Halm 4 cm. Im Außenkreis werden die 3 Halme auf 2,5 cm geschnitten. Mit den restlichen Strohhalmen wird immer mit 2 Halmen nach 5 cm die letzte Spitze des Innenteils gemacht. Aus je 8 Halmen kleine Fächer binden. Die Abbindestelle ist 2 cm vom Ende der Strohhalme entfernt (kürzen auf 1,5 cm). Die innere Spitze bei diesen Fächern ist nach 4 cm mit 2 Halmen abzubinden. Von dieser Bindestelle aus an den 2 Halmen 3 cm abtragen und rechts und links davon je einen Halm befestigen. Die mittleren Halme abschneiden und an den 2 verbleibenden Halmen wieder 3 cm messen und nochmals eine Spitze anbinden. Die Mittelhalme danach wieder abschneiden. Die letzte Bindestelle hat einen Abstand von 10 cm.

Ein lichter Stern eignet sich besonders als Fensterschmuck

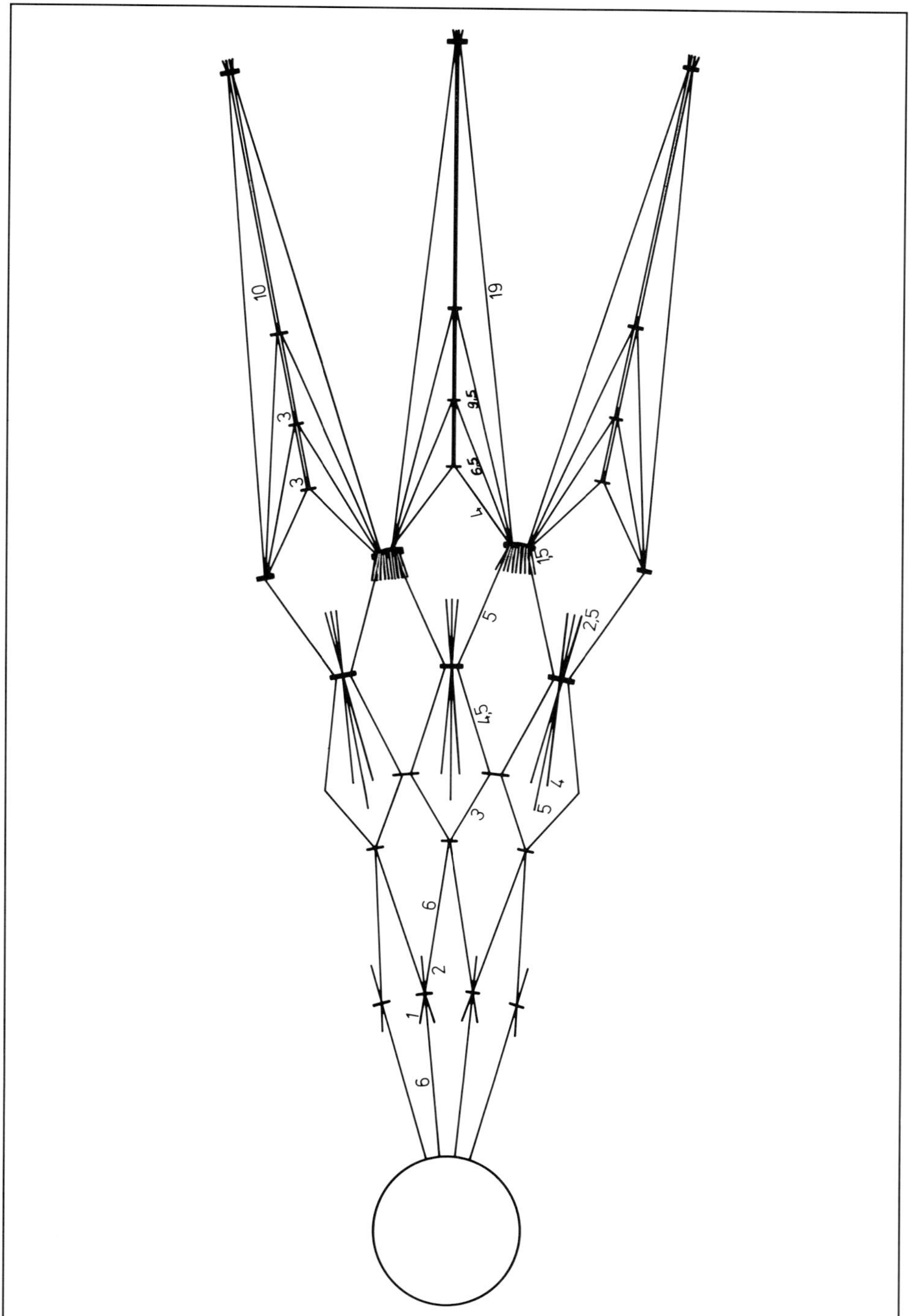
10
19
3
9,5
3
6,5
4
15
5
2,5
4,5
3
5
4
6
2
1
6

Praktische Tips

○ Wählen Sie für einen großen Stern mittlere bis dickere Halme, für Zentrumssterne (Innensterne) ebenfalls mittelstarke bis stärkere Halme und für kleinere Sterne dünneres bis mittelstarkes Stroh.

○ Für Fächer können auch dünne Halme verwendet werden. Die Anzahl der Halme pro Büschel muß dann erhöht werden, damit die nötige Fülle entsteht.

○ Ganz dicke Halme können für gebügelte Strohstreifen verarbeitet werden (gut einweichen vor dem Bügeln).

○ Weichen Sie immer einige Ersatzhalme mit ein.

○ Die Strohhalme in losen Bündeln (abgezählte Halmzahl) einweichen.

○ Eingeweichtes, nicht benötigtes Stroh offen trocknen lassen.

○ Bei großen Sternen besteht die Gefahr, daß vorbereitete Einzelteile (Fächer oder Zentrumsstern) austrocknen. Diese Teile bis zur weiteren Verarbeitung mit einem feuchten Tuch bedecken.

○ Messen Sie immer ab. Verlassen Sie sich nicht auf Ihr Augenmaß. Kleine Abweichungen in den Maßen lassen die Sterne ungleichmäßig erscheinen.

○ Beim Abbinden der Fächer für die erste Bindestelle immer 0,5 cm zugeben und vor dem Aufbinden auf den Grundstern abschneiden. Dadurch bekommt man eine schöne Kante.

○ Die Abbindestellen nicht zu oft umwickeln. Dies bringt keine zusätzliche Stabilität, sondern nur das feste Zusammenbinden kann dies bewirken. Dicke Bindestellen „springen“ zudem ins Auge.

○ Die kurze Seite der Fächer mit einem Faden lose zusammenhalten. Die Formen lassen sich dadurch nachher besser schneiden.

○ Vor allem bei kombinierten Sternen ist zu beachten, daß alle Knoten auf einer Seite sind.

○ Werden Halmstücke eingebunden, diese erst nach dem Einbinden auf die richtigen Maße schneiden.

○ Eine Erleichterung beim Zusammenbinden von ungebügelten Strohhalmen ist das vorsichtige, leichte Anknicken an der Markierung.

○ Vorteilhaft ist wenn die Halme bei ungebügeltem Stroh erst nach dem Zusammenbinden auf die richtige Länge abgeschnitten werden. Längere Halme lassen sich leichter zusammenbinden.

○ Binden Sie nicht jeden Strahl sofort ganz fertig. Rationeller ist es, alle gleichförmigen Abschnitte in der Runde zu binden.

○ Sollte beim Aufbinden der Fächer ein Halm vom Zentrumsstern zu kurz sein, stecken Sie einen dünneren in den kurzen Halm. Binden Sie die beiden Halme zusammen.

○ Manchmal kommt es vor, daß die Halme bei den geschlossenen Spitzen beim Zusammenbinden anknicken. Schieben Sie einen dünneren, trockenen Halm in den beschädigten Strohhalm.

Anregungen zur Gestaltung

Es ist sicherlich wichtig, Hilfen und Hinweise zu bekommen, wenn man sich an ein neues Hobby wagt. Bei dem Nacharbeiten der Vorlagen sollte es aber nicht bleiben. Wenn Sie diesen Hobbykurs nochmals durchblättern, werden Sie sicher feststellen, daß die Sterne auf den gleichen Grundformen aufgebaut sind, und zwar den Fächern und/oder den Zentrumssternen. Betrachten Sie nun die Sterne einmal von den Gestaltungsmöglichkeiten her, so werden Sie erkennen, daß die faszinierende Wirkung eines Strohsternes auf dem Wechsel zwischen lichten und dichten Stellen beruht.

○ Durch Zusammenbinden von Halmen entstehen gleichzeitig diese lichten und dichten Stellen, positive und negative Formen.

○ Mit der Verwendung von Fächern können weitere Verdichtungen geschaffen werden. Für ein Strahlenbündel deshalb nicht zu wenig Halme nehmen.

○ Auch mit kleinen Halmabschnitten, die an lichten Stellen eingebunden werden, erzeugt man Verdichtungen.

○ Einen Blickfang bzw. eine Verdichtung kann man auch durch eine Runde kleiner Sternchen erreichen. Diese dürfen jedoch keinen zu großen Abstand haben, damit die kompakte Wirkung zustande kommt.

○ Soll ein Stern im Außenbereich mit zusammengebundenen Spitzen abgeschlossen werden, sollte man dafür auch nicht zu wenige Halme verwenden.

○ Auflockerungen können durch Herausschneiden von Halmteilen erreicht werden.

○ Eine ruhige Wirkung erzielt man, wenn in der Runde nicht zu vielfältige Formen angeordnet werden.

○ Versuchen Sie nun, Ihre eigenen Ideen zu verwirklichen!